SALVADOS DE LA EXTINCIÓN

LOS REPTILES

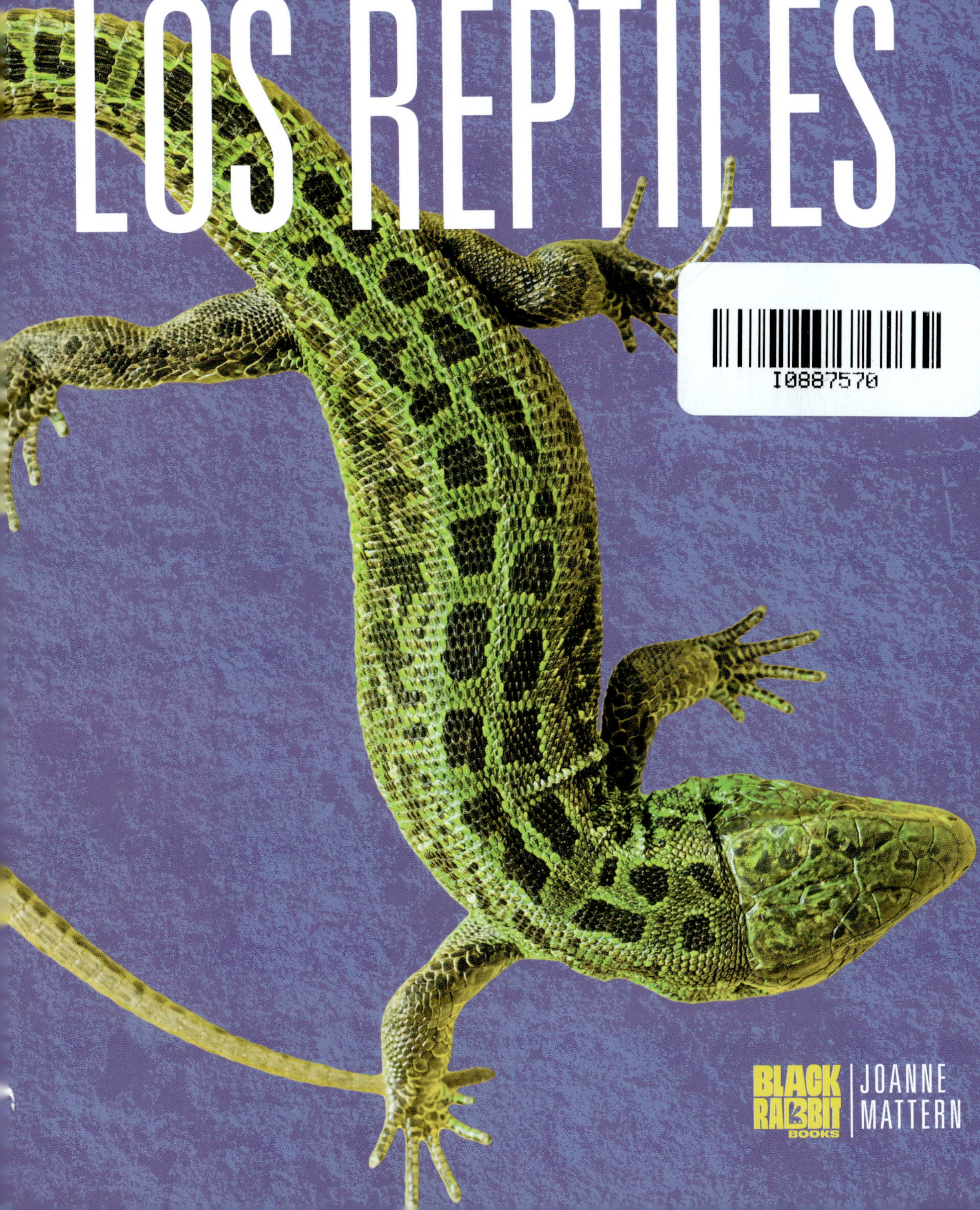

BLACK RABBIT BOOKS

JOANNE MATTERN

TABLA DE CONTENIDOS

1. Iguana azul 4

2. Caimán chino 6

3. Tortuga gigante de Galápagos 10

4. Tortuga lora 13

5. Serpiente de agua del lago Erie 16

6. Lagarto de arena 19

Más para explorar 21

1 Iguana azul

La iguana azul vivía por todas partes en las Islas Caimán. Luego llegó la gente. Trajeron sus gatos y perros. Estas mascotas mataron a las iguanas. Otras iguanas azules fueron atropelladas por coches. Con el tiempo, quedaron menos de 25.

La gente quería salvar a este **reptil**. El gobierno reservó un terreno para ellas. Unas cajas especiales les dieron un lugar seguro donde vivir. Las cajas las **protegieron** de otros animales. Hoy, más de 1,000 iguanas azules viven en paz.

Piensa en esto

¿Cómo dañan las personas y sus mascotas a los animales salvajes?

2

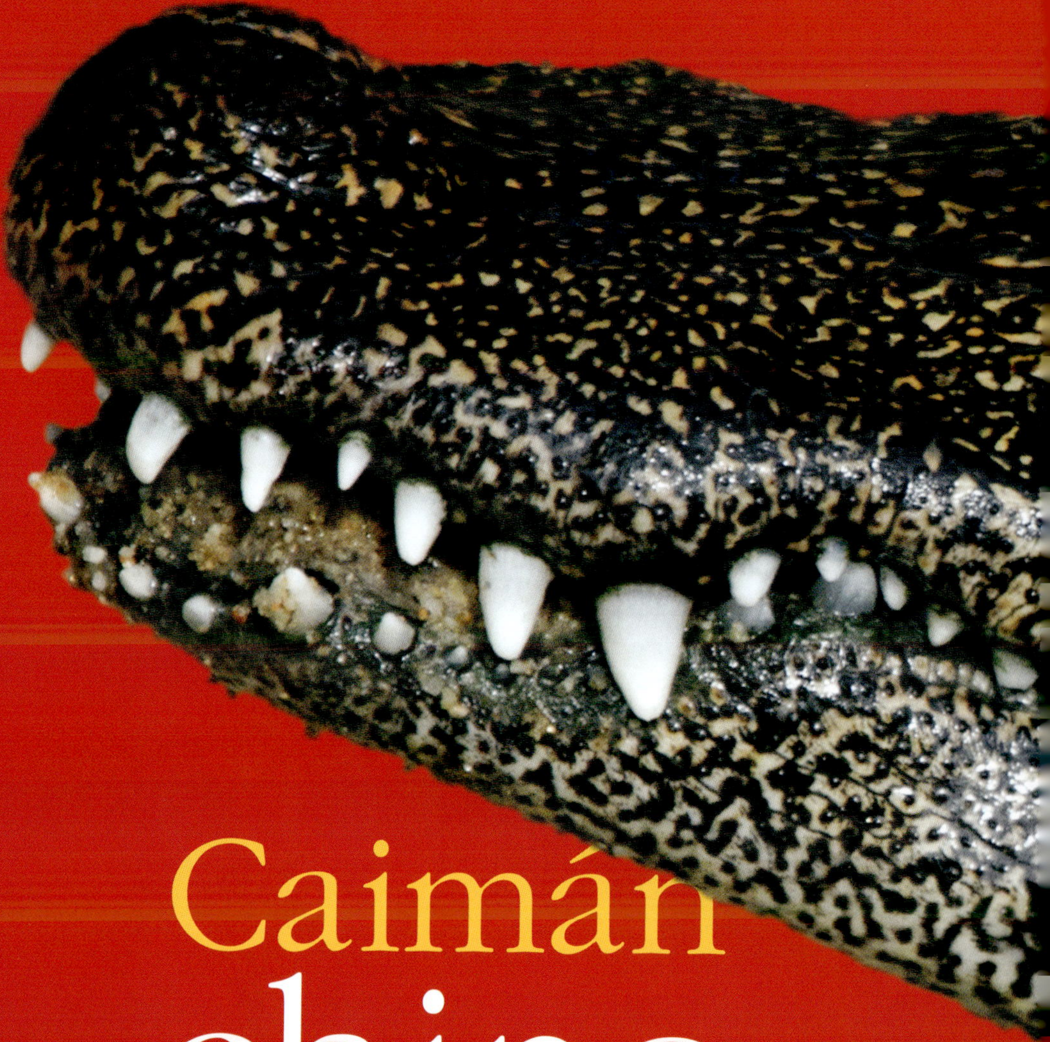

Caimán chino

Los caimanes chinos vivían en zonas pantanosas de China. Luego, la gente secó los pantanos. Utilizó esas áreas para la agricultura. En la década de 1970, solo quedaban unos pocos caimanes.

Los capturaron y los enviaron a zoológicos. Tuvieron crías. Luego los devolvieron a la naturaleza. Hoy en día, el caimán chino sigue siendo raro. Pero está volviendo lentamente.

¿Sabías que...?
El caimán chino también vive en túneles subterráneos.

3 Tortuga gigante de Galápagos

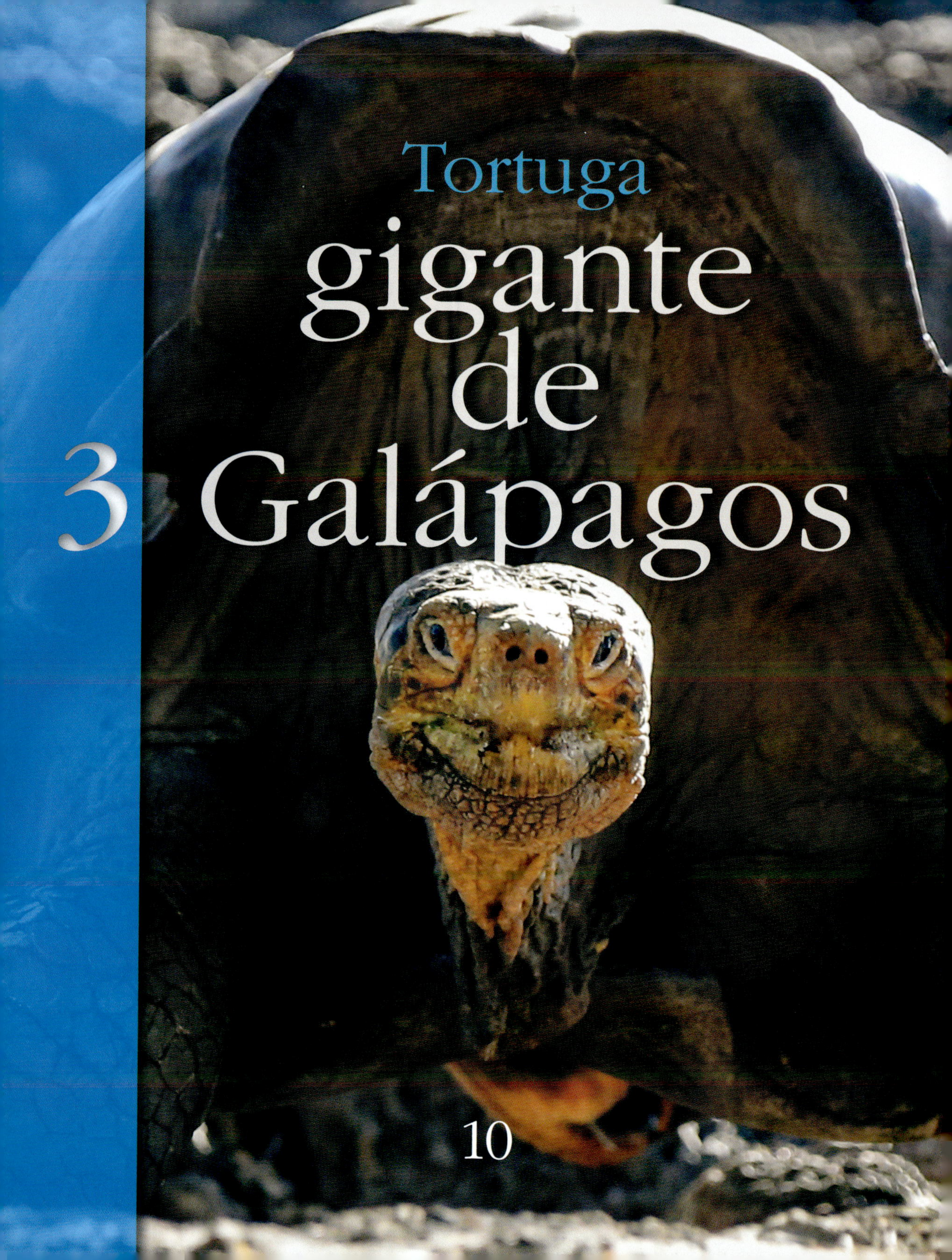

Estas tortugas eran comunes en las islas Galápagos. Pero luego la gente trajo ratas y perros. Estos animales se comieron los huevos de las tortugas. Parecía que el reptil se extinguiría pronto.

Los científicos empezaron a recoger huevos de tortuga. Criaron a las crías en espacios seguros. El gobierno reservó tierras para que vivieran las tortugas. Hoy, estos animales vuelven a vivir en sus hogares isleños.

¿Sabías que...?
Esta tortuga gigante puede vivir más de 100 años.

4

Tortuga lora

La tortuga lora solía vivir en todo el Golfo de México. Las tortugas ponían sus huevos en las playas. Pero luego la gente destruyó estas playas. Conducían sus autos sobre la arena. También construyeron casas en las playas. Se destruyeron muchos huevos y crías de tortuga.

Estados Unidos y México colaboraron para salvar a las tortugas marinas. Impidieron que la gente fuera a algunas playas. Los zoológicos recogieron los huevos y criaron a las crías. Hoy, miles de tortugas marinas nadan en las aguas del Golfo.

¿Sabías que...?
En inglés, esta tortuga lleva el nombre del pescador que la descubrió en 1906 (Kemp).

5

Serpiente de agua del lago Erie

Estas serpientes viven en las islas del lago Erie. Antes había miles. Luego llegó la gente. Mataron a la mayoría de las serpientes.

En 1986, la serpiente de agua fue añadida a la lista de especies **en peligro de extinción**. Los científicos protegieron los lugares donde vivía la serpiente. Enseñaron a la gente que las serpientes eran una parte importante del **ecosistema**. La gente escuchó. Dejaron en paz a las serpientes. En 2011, la serpiente fue retirada de la lista de animales en peligro de extinción.

Piensa en esto

¿Cómo puede la educación ayudar a salvar animales que están en riesgo?

Lagarto de arena

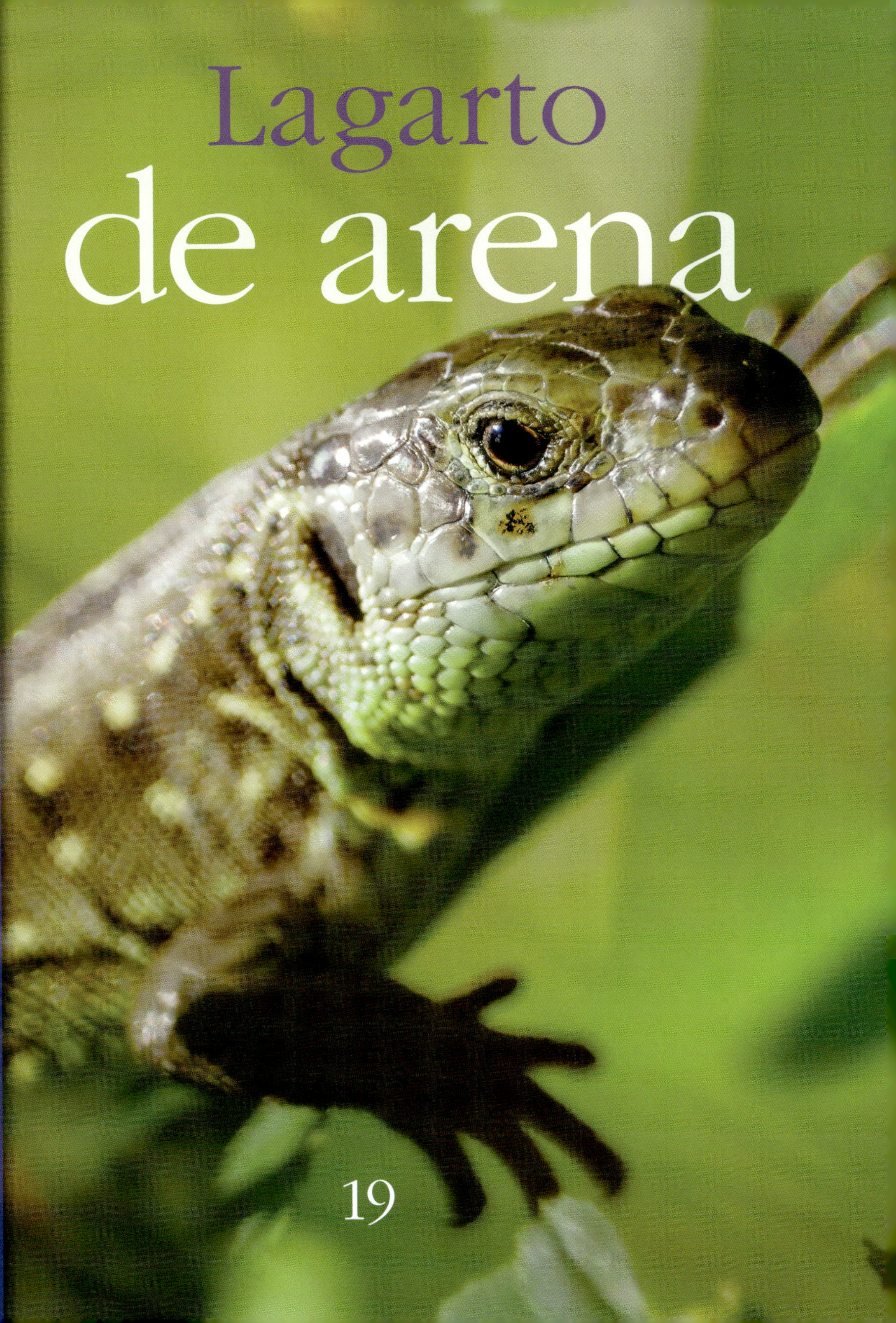

6

Los lagartos de arena viven en toda Europa y Rusia. Necesitan grandes áreas arenosas para poner sus huevos. Cuando la gente destruyó estos lugares, los lagartos se extinguieron.

El gobierno intervino para ayudar. Protegieron las **dunas** de arena. Los lagartos fueron criados en zoológicos. Luego fueron devueltos a la naturaleza. Hoy, los lagartos están de nuevo en los hogares arenosos que necesitan.

Piensa en esto

¿Qué papel juega el gobierno para ayudar a los animales en riesgo?

MÁS PARA EXPLORAR

¿EN QUÉ PARTE DEL MUNDO?

IGUANA AZUL
Islas Caimán

TORTUGA GIGANTE DE GALÁPAGOS
Islas Galápagos

SERPIENTE DE AGUA DEL LAGO ERIE
Islas en el lago Erie

TORTUGA LORA
Golfo de México y Océano Atlántico

LAGARTO DE ARENA
Europa y Asia central

CAIMÁN CHINO
China

MÁS PARA EXPLORAR

DATOS FANTÁSTICOS

La iguana azul es uno de los tipos de lagartos más longevos. ¡Pueden vivir hasta 40 años!

Los caimanes chinos son grandes nadadores y corredores rápidos.

Las islas Galápagos deben su nombre a la tortuga gigante.

A diferencia de otras serpientes, las serpientes de agua del lago Erie no les temen a las personas.

Las tortugas lora son las tortugas marinas más pequeñas.

Los lagartos de arena machos se vuelven de un color verde brillante en primavera.

MÁS PARA EXPLORAR

COMPARACIONES INTERESANTES

Estos animales están reapareciendo. ¿Cuántos viven hoy en estado silvestre?

Iguana azul
alrededor de 1,000

Caimán chino
alrededor de 150

Tortuga gigante de Galápagos
alrededor de 15,000

Tortuga lora
7,000 a 9,000

Serpiente de agua del lago Erie
alrededor de 10,000

Lagarto de arena
alrededor de 9,000

MÁS PARA EXPLORAR

RECURSOS

Glosario

duna Una colina o montículo de arena amontonado por el viento.

ecosistema Una comunidad de seres vivos que habitan en un lugar.

en peligro de extinción A punto de desaparecer.

pantano Tierra húmeda y esponjosa que está parcialmente cubierta de agua.

proteger Defender o mantener a salvo; escudar del peligro o del daño.

reptil Un animal de sangre fría que respira aire y tiene columna vertebral; la mayoría de los reptiles ponen huevos y tienen la piel escamosa.

Índice alfabético

agricultura, 8
China, 8
depredadores, 5, 11
huevos, 11, 14, 20
islas, 5, 11, 17, 22
pérdida del hábitat, 5, 8, 14, 17, 20
protecciones, 5, 14, 17, 20
zoológicos, 8, 14, 20

TOP RANK es publicado por Black Rabbit Books, P.O. Box 227, Mankato, MN, 56002. • Top Rank un sello de Black Rabbit Books • Diseñadora de la serie: Danny Nanos • Diseñadora del libro: Jason Knudson • Fotografías © Alamy Stock Photo/ Alfred Schauhuber, 20, Michael Patrick O'Neill, 13, 14–15, 21, 23, Steve Paddon, 16, 21, 23; Dreamstime/Liuqf, 8, Pavel Trankov, cover, 1, Serban Enache, 5; Flickr/Nathan Rupert, 6–7, 21, 23; Shutterstock/Eva_Puhova, cover, 1, Ian Kennedy, 11, Jukka Palm, 17, Kurit afshen, 4, 21, 23, Lauren Suryanata, 9, Ryan M. Bolton, 2, 18, Todamo, 10, Viatore, 19, 21, 23; Wikimedia Commons/FelixReyesPhotography, 12, 21, 23 • Impreso en India
Library of Congress Cataloging-in-Publication Data: Names: Mattern, Joanne, 1963- author. | Title: Los reptiles: salvados de la extinción / by Joanne Mattern. | Other titles: Reptiles. Spanish | Description: Mankato, MN: Top Rank, an imprint of Black Rabbit Books, [2026] | Series: Salvados de la extinción | Translation of: Reptiles. | Ages 8–11 | Grades 2–3 | Identifiers: LCCN 2024054656 (print) | LCCN 2024054657 (ebook) | ISBN 9781644669723 (library binding) | ISBN 9781644669860 (paperback) | ISBN 9781645824428 (ebook) | Classification: LCC QL644.7 M3818 2026 (print) | LCC QL644.7 (ebook) | DDC 333.95/72—dc23/eng/20241223